2023年
山东省海洋经济发展报告

山东省发展和改革委员会
山　东　省　海　洋　局　编

海洋出版社
2024年·北京

图书在版编目（CIP）数据

2023年山东省海洋经济发展报告 / 山东省发展和改革委员会，山东省海洋局编. -- 北京 : 海洋出版社，2024. 7. -- ISBN 978-7-5210-1286-6

Ⅰ. P74

中国国家版本馆CIP数据核字第2024DW5718号

2023年山东省海洋经济发展报告
2023 NIAN SHANDONGSHENG HAIYANG JINGJI FAZHAN BAOGAO

责任编辑：赵　娟
责任印制：安　淼

海洋出版社 出版发行
http://www.oceanpress.com.cn
北京市海淀区大慧寺路 8 号　　邮编：100081
涿州市般润文化传播有限公司印刷　　新华书店经销
2024年7月第1版　　2024年7月第1次印刷
开本：787 mm × 1092 mm　　1 / 16　　印张：4.5
字数：66千字　　定价：60.00元
发行部：010-62100090　总编室：010-62100034

《2023年山东省海洋经济发展报告》
编委会

前 言

2023年是全面贯彻党的二十大精神的开局之年，是三年新冠疫情防控转段后恢复发展的一年。面对严峻复杂的外部环境和交织叠加的困难挑战，山东省海洋工作坚持以习近平新时代中国特色社会主义思想为指导，深入贯彻落实习近平总书记对山东海洋工作的重要指示要求和山东省委、省政府决策部署，锚定“走在前、开新局”，深入实施建设绿色低碳高质量发展先行区和“十大创新”“十强产业”“十大扩需求”行动海洋领域任务，持续推进海洋强省建设，积极推动发展方式转变、产业结构优化、增长动力转换，全省海洋经济运行巩固向好，高质量发展扎实推进。

为全面反映山东省海洋经济发展情况，山东省发展和改革委员会、山东省海洋局共同组织编写了《2023年山东省海洋经济发展报告》（以下简称《报告》）。《报告》以山东省海洋经济、海洋产业年度发展情况为核心，同时涵盖支撑海洋经济发展的海洋科技创新、海洋生态文明建设、海洋开放合作、海洋综合治理进展，全面展现全省海洋经济高质量发展成效。

《报告》编写得到了山东省省直有关部门、沿海市海洋主管局的大力支持，在此表示感谢。

编委会

2024年6月

目 录

第一章 山东省海洋经济发展总体情况……1

第二章 现代海洋产业体系不断完善……7

第一节 海洋传统产业提质增效……8
第二节 海洋新兴产业创新发展……17
第三节 海洋服务业加快推进……22
第四节 海洋相关产业支撑有力……30

第三章 海洋科技自立自强迈向新征程……33

第一节 海洋科技力量不断壮大……34
第二节 海洋核心技术攻关取得新成果……35
第三节 涉海企业创新主体地位日益强化……37
第四节 海洋科技人才引育汇聚新势能……38

第四章 海洋生态文明建设扎实推进……39

第一节 海洋生态保护稳中有序……40
第二节 海洋生态治理与修复高效推进……41
第三节 海洋防灾减灾成效明显……42

第五章　海洋开放合作持续深化……45

第一节　海洋对外经贸走深走实……46
第二节　海洋开放合作迈上新台阶……48
第三节　海洋合作领域持续拓展……49

第六章　海洋综合治理能力不断增强……51

第一节　海洋发展战略规划支撑有力……52
第二节　海洋综合管控能力有效提升……53
第三节　海洋经济运行监测评估深入推进……54

附　录……55

附录 1　2023 年山东省海洋综合管理政策汇编目录……56
附录 2　主要专业术语……62

第一章

山东省海洋经济发展总体情况

2023 年，山东省上下认真贯彻落实习近平总书记关于山东要更加注重经略海洋的重要指示，锚定“走在前、开新局”，纵深推进海洋领域新旧动能转换，扎实推动绿色低碳转型，深入实施“三个十大”行动海洋领域重点任务，全面推进新一轮海洋强省建设行动，全省海洋经济量质齐升。

海洋经济规模实现新突破。2023 年，全省海洋生产总值突破 1.7 万亿关口，达到 17 018.3 亿元[1]（图 1–1），比上年增长 6.2%，高于全国海洋生产总值增速 0.2 个百分点，占全国海洋生产总值的 17.2%，占全省地区生产总值的 18.5%。海洋渔业、海洋水产品加工业、海洋矿业、海洋盐业、海洋化工业、海洋电力业六个海洋产业增加值位居全国第一。从产业类别来看，海洋产业增加值 7 620.4 亿元，比上年增长 7.9%，连续四年居全国首位；海洋科研教育管理服务业增加值 2 922.6 亿元，同比增长 0.5%；海洋相关产业增加值 6 475.3 亿元，同比增长 7.0%（图 1–2）。

海洋产业结构持续优化。海洋三次产业增加值分别为 992.9 亿元、7 362.9 亿元和 8 662.6 亿元，分别占海洋生产总值的 5.8%、43.3% 和 50.9%，其中第三产业占比较上年提升 0.6 个百分点。以海洋水产品加工业、海洋化工业、海洋药物和生物制品业、海洋船舶工业、海洋工程装备制造业为代表的涉海制造业增加值占海洋产业增加值的比重较 2018 年提升 1.1 个百分点，达到 26.8%。以海洋电力业、海水淡化与综合利用业等为代表的海洋新兴产业持续发展，占海洋产业增加值的比重与 2018 年相比提高 0.8 个百分点。海洋科研教育管理服务业增加值占海洋生产总值的比重较 2018 年高出 1.3 个百分点。

1 本报告中涉及的海洋生产总值、海洋产业增加值数据均为《海洋及相关产业分类》（GB/T 20794—2021）下自然资源部反馈数据，2018—2021 年为最终核实数，2022 年为初步核实数，2023 年为初步核算数。海洋生产总值、三次产业增加值、各海洋产业增加值、各比重数据按现价计算。海洋生产总值增长速度、各海洋产业增加值增长速度按可比价格计算。相关数据后续调整以自然资源部最终核实反馈为准。

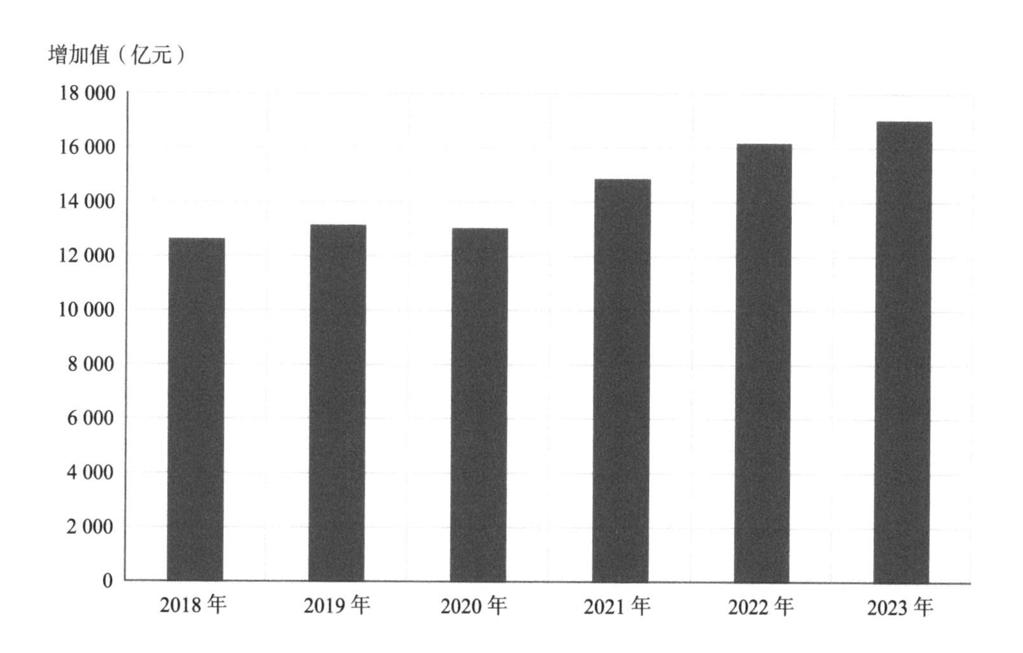

图 1-1　2018—2023 年山东省海洋生产总值

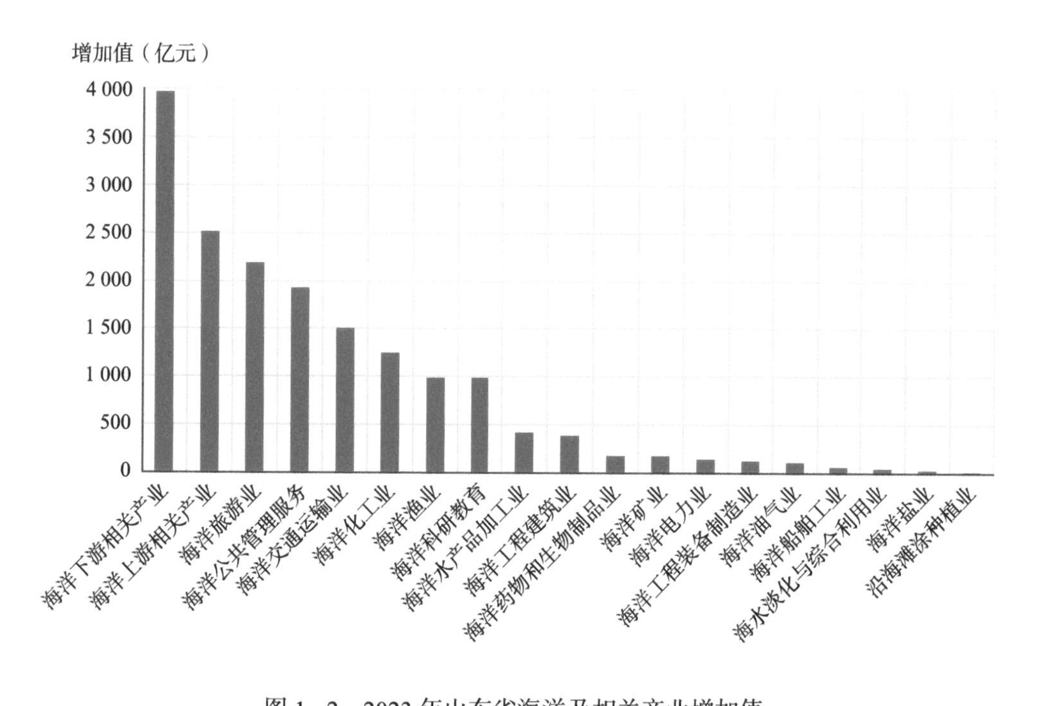

图 1-2　2023 年山东省海洋及相关产业增加值

海洋发展新动能不断蓄积。着力推进特色产业集群发展，培育壮大青岛市海洋交通运输产业集群、烟台市海洋牧场产业集群等12个“雁阵形”产业集群。海洋科技创新能力不断提高，全省海洋领域16个项目获国家科技奖，居全国第一；全职驻鲁海洋界院士22人，海洋领域国家、省级领军人才突破4 500名。涉海企业创新主体不断强化，年度新增海洋领域国家级专精特新“小巨人”企业67家，国家级跨行业跨领域工业互联网平台3家，智能制造示范工厂3家。截至2023年底，全省海洋领域国家企业技术中心54家，瞪羚、独角兽、隐形冠军企业551家，涉海上市企业95家。2023年全省海洋生产总值对全省经济和全国海洋经济增长的贡献率分别达到18.8%和15.3%，服务地区经济发展和海洋强国建设取得成效。

绿色低碳转型持续加强。加快推进海洋领域清洁能源供给，连续两年新增并网海上风电超200万千瓦，占全国当年新增并网的40%和31%，均居全国首位；率先启动近海海域海上光伏规模化建设并发布首批实证成果。推进海洋制造业绿色发展，全年海洋领域新增25家省级绿色工厂、2处绿色工业园区、11家绿色供应链管理企业。加强船舶用低碳清洁能源技术研发应用，全省新能源动力船舶新承接订单量达393.1万载重吨，占全部新接订单比例的54.4%。实行港口绿色能源规模化替代与利用，电、气、氢等清洁用能占比提高到62%。着力增加海洋碳汇，加快海草床、盐沼等海洋生态恢复，不断提升海洋固碳能力。

顶层设计谋划高质赋能。全面推动海洋强省建设行动计划、“十四五”海洋经济发展规划等政策文件落地实施，编制《现代海洋产业行动计划（2024—2025年）》，并纳入山东省政府印发的“三个十大”行动计划推进实施。科学管控海洋空间资源，实施海域空间分区管控，加强岸线分类管控，推进区域陆海协调发展，加快构建人海和谐的海洋发展新格局。聚焦重大项目建设精准发力，44个重大涉海项目列入山东省绿色低碳高质量发展先行区三年行动计划重点项目名单，筛选确定总投资1 388亿元的80个项目纳入海洋强省建设重点项目库。推动建立省、市、县三级联动的海洋经济运行监测评估工作体系，全国唯一的省级第五次经济普查海洋及相关产业统计调查正式启动。

海洋数字化发展提档升级。《山东省海洋数字经济培育行动方案（2023—2025 年）》出台，明确打造全国海洋数字经济强省目标。港口建设数字化转型步伐加快，青岛港自动化码头（三期）作为全国首个全国产全自主自动化码头投产运营，烟台港发布全国首创件杂货码头“智慧理货 + 智慧配载”系统新模式。海洋大数据统筹应用有创新，青岛市海洋大数据合作发展平台正式成立，在海洋数据资源确权、估值、交易、收益、治理等领域先行先试。海洋数字化应用场景持续拓展，山东省首个海上风电与海洋牧场融合试验示范项目在线监测系统、长岛监测评估和生态保护长效管控系统正式上线。

国家级新区不断提质增效。持续推动以“海洋经济发展”为主题定位的国家级新区提速发展。2023 年，青岛西海岸新区完成生产总值 5 003.38 亿元，同比增长 6%，成为山东省第一个国内生产总值超 5 000 亿元的区，经济总量超过省内 10 个地级市，贡献了青岛市 1/3 的地区生产总值、规模以上工业总产值、固定资产投资和外贸进出口额，综合实力稳居国家级新区前三强。在全国率先设立了省级层面推进新区高质量发展的议事协调机构，组织召开了山东省推进青岛西海岸新区高质量发展联席会议。编制出台《推进青岛西海岸新区高质量发展三年行动计划（2023—2025 年）》，以山东省政府办公厅文件印发实施，赋予新区更多政策支持和创新机会。圆满承办第八次国家级新区工作经验交流会暨新区工作推动会，全面展现了西海岸新区特色风采。

第二章

现代海洋产业体系不断完善

第一节　海洋传统产业提质增效

一、海洋渔业

2023 年，山东省海洋渔业稳健向好，全年实现增加值 991.8 亿元，位居全国首位，比上年增长 4.2%。

水产品供给能力稳步提升。2023 年全省海水产品产量 790.5 万吨，同比增长 3.7%。其中，海水养殖 581.0 万吨，同比增长 4.5%；海洋捕捞 172.3 万吨，同比增长 2.1%；远洋渔业 37.2 万吨，同比减少 0.5%（图 2–1）。海洋捕养比由 2019 年的 30 ∶ 70 优化至 2023 年的 27 ∶ 73。

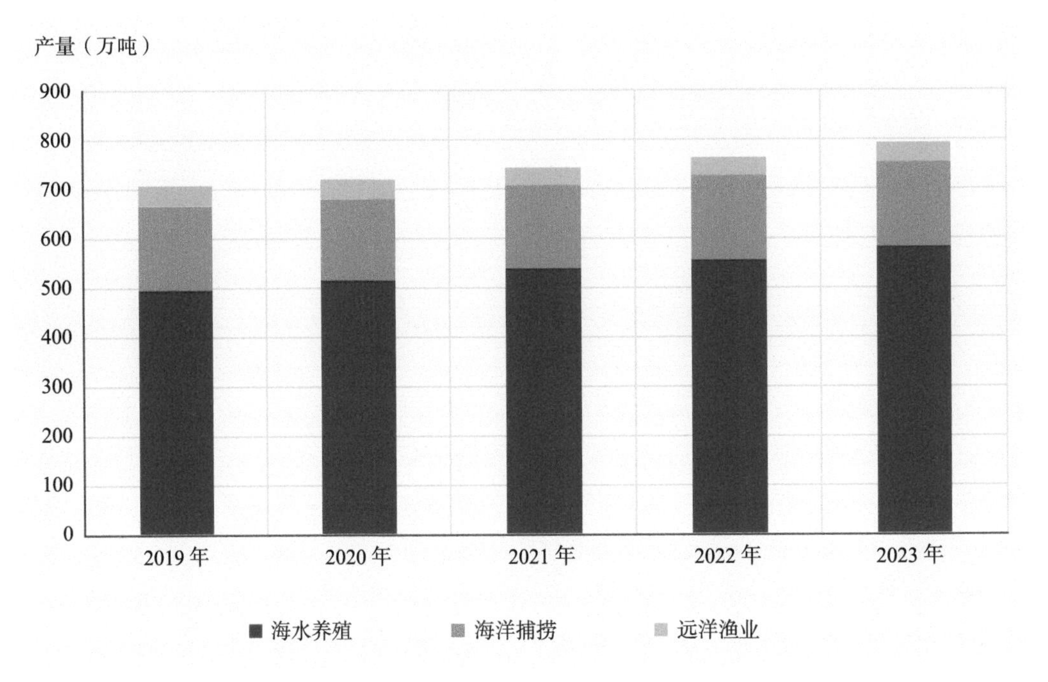

图 2–1　2019—2023 年山东省海水产品产量及构成

数据来源：《中国渔业统计年鉴》（2020—2024 年）

海洋种业创新高质发展。全年新增 4 家国家级良种场，栉孔扇贝“蓬莱红 4 号”、海带“海农 1 号”等 3 个由山东省科研院校、企业主导研发的海水水产新品种经全国水产原种和良种审定委员会审定通过。截至2023年，全省国家级水产原良种场达18家（海水17家），居全国首位；61个水产新品种通过国家审定，占全国的22%。创新平台建设持续推进，国家对虾联合育种平台建成，由5位院士领衔顶尖科研团队组成的专家咨询委员会成立。威海荣获国内唯一“中国海洋种业之都”的称号。

绿色生态养殖持续推进。《2023年山东省水产绿色健康养殖技术推广“五大行动”实施方案》、海水养殖尾水排放管理标准等相继出台，近海养殖容量评估试点工作启动，进一步规范引领水产养殖业绿色健康发展。乳山市等4个县（市、区）、青岛天一海洋生物科技有限公司2家生产经营单位新增为国家级水产健康养殖和生态养殖示范区。

深远海养殖不断发展壮大。全面贯彻落实国家《关于加快推进深远海养殖发展的意见》要求，有序推进深远海养殖发展。全球首艘10万吨级智慧渔业大型养殖工船“国信1号”累计起捕上市2 600余吨高品质大黄鱼。青岛国家深远海绿色养殖试验区“深蓝1号”大型智能网箱累计收获三文鱼1 000余吨。全省累计建成重力式深水网箱2 600余个、大型深远海养殖装备26台(套)，养殖水体达280万立方米，年可提供优质海水鱼4万吨。

海洋牧场建设扎实推进。全省新增8处国家级海洋牧场示范区，总数达67家，占全国的39.6%。山东省现代化海洋牧场综合管理平台投入运行，全面提升海洋牧场信息化管理水平。山东省智慧海洋牧场重点实验室（筹）揭牌，以科技创新支撑现代化海洋牧场建设。威海市出台《海洋牧场发展规划（2023—2028年）》，推动海洋牧场建设向岸海联动、生态发展、三产融合的高质量发展阶段转变。

远洋渔业有序发展。生产能力再上新台阶，新拓展阿曼项目、西白令海俄罗斯海域项目、北太平洋公海拖网项目、南极海域磷虾项目4个远洋渔业项目，两艘大型公海拖网捕捞加工船“海利”“海兴”赴西白令海俄罗斯海域、北太平洋公海作业。积极参与极地渔业资源开发利用，省内首艘自主设计建造的南极磷虾捕捞加工船建成投产。扎实推进远洋渔业基地建设，沙窝岛国家远洋渔业基地一期工程已完工，二期工程正在加紧建设。截至2023年底，全省共有远洋渔业企业42家，远洋渔船553艘。

二、海洋水产品加工业

2023年，山东省海洋水产品加工业平稳增长，全年实现增加值418.7亿元，位居全国首位，比上年增长3.0%。

水产品贸易承压前行，国内需求拉动有力。受外需收缩等因素影响，水产品贸易面临较大压力。2023年全省水产品[1]进出口额505.0亿元，同比下降6.8%。其中出口额222.4亿元，同比下降11.6%；进口额282.6亿元，同比下降2.7%。与此同时，随着疫情防控较快平稳转段，国内需求拉动明显，全国海水产品价格指数1—7月维持在130.00以上的高位，为近三年来最高水平。

海洋预制菜产业发展强劲。预制菜首次被写入中央一号文件，以威海、日照为代表的海洋预制菜行业迎来发展东风。以“产业协同，‘预’先发展”为主题的2023中国国际预制菜产业（山东）交易博览会暨中国国际预制菜产业高峰论坛在山东国际会展中心举行，2023中国（日照）海洋食品预制菜发展大会在日照国际博览中心开幕。威海获批“中国海洋预制菜之都”称号，海洋预制菜产业集群纳入省“十强”产业“雁阵形”产业集群。

海产品品牌建设持续推进。“好品山东”渔业品牌全国推广活动先后在上海、西安、长沙举办，推动更多山东本土特色海水产品及预制菜进入省外及国际市场，进一步提升山东渔业品牌影响力、竞争力和美誉度。“招远盐渍海参”与“青岛深海野游大黄鱼”两个产品入选2023年第二批全国名特优新农产品名录。“威海海鲜”“乳山牡蛎”入选全国农业百强标志性品牌，“乳山牡蛎”品牌价值达到193.85亿元，位居国家地理标志牡蛎品牌价值榜首位。

1 水产品包括HS编码03、121221、121229。

三、沿海滩涂种植业

2023 年，山东省沿海滩涂种植业巩固发展，全年实现增加值 1.1 亿元，与上年持平。

耐盐碱水稻测产再创新高。国家耐盐碱水稻技术创新中心盐碱地改良中心承建单位——青岛海水稻研究发展中心邀请中国农科院等单位专家，对中心选育的耐盐碱常规水稻新品系——“海粳 37”“海粳 38”进行了小面积测产验收，扣除杂质、折合标准含水量后，亩[1]产分别达 676.6 千克、694.5 千克。

创新平台建设再上新台阶。全国沿海滩涂盐渍化防控与海水综合利用产业发展大会成功举办，山东沿海土壤盐渍化防治与盐碱地改良示范基地揭牌。国内唯一以海水入侵与土壤盐渍化为研究对象的科研机构——莱州湾海水入侵与土壤盐渍化野外科学观测研究站升级为部级站点。

四、海洋油气业

2023 年，山东省海洋油气业平稳发展，全年实现增加值 108.3 亿元，比上年增长 0.7%。

海上油气资源储量基础进一步夯实，重大项目扎实推进。渤海再获亿吨级大发现，渤中 26-6 油田探明地质储量超 1.3 亿吨油当量。胜利海上油田新增探明石油地质储量 553 万吨、控制储量 1 393 万吨。推动实施埕北 30-306 块、246-248 块等产能建设工程，全年投产新井 23 口，新建产能 22.65 万吨。2023 年，全省海洋石油和天然气产量分别为 360.66 万吨、1.54 亿立方米。

基础设施建设取得新进展，能源储运服务升级。520 万立方米全国沿海港口最大的单体油品库区——董家口港区原油商业储备库工程全部建成投产（图 2-2），年存储能力突破 1 106 万立方米，成为山东港口最大的油品库区。

1　亩为非法定计量单位，1 亩≈667 平方米。

全国唯一码头、罐区、管道一体化运营的港口——烟台港目前已形成“卸、储、运”原油一体化储运体系，集聚能源综合服务体系优势。

图 2-2　青岛港董家口港区原油商业储备库

五、海洋矿业

2023 年，山东省海洋矿业存蓄动能，全年实现增加值 171.2 亿元，位居全国首位。

找矿取得重大突破。围绕能源资源安全，山东省海洋矿业全面启动实施新一轮找矿突破战略行动，完善矿产勘查开采管理制度，激发矿业市场活力，通过探矿增储切实端牢“资源”饭碗。山东莱州西岭金矿成为国内发现的最大单体金矿床，属世界级巨型单体金矿床。经初步认定，西岭金矿新增金金属量近 200 吨，累计金金属量达 580 吨。

科技赋能深处掘金。在西岭金矿的探获过程中，企业自主研发适合深部钻探的“钻杆柱深度极限使用”“抗盐抗高温钻井液”“小口径绳索取心定向钻进”三合一集成关键技术,保障深部钻探工作的成功实施。探索建立“阶梯式”成矿模式和“热隆—伸展”成矿理论，攻克胶东深部金矿找矿关键理论技术这一世界性难题，完成“中国岩金勘查第一深钻”，4 006.17 米钻孔开创了我国小口径钻探的先河。

资源优势转化为经济效益。金价攀创历史新高，上海黄金交易所 Au9999 黄金 2023 年 12 月底收盘价 479.59 元 / 克，较年初开盘价上涨 16.7%，全年加权平均价格为 449.05 元 / 克，较上年上涨 15.0%。黄金消费持续火热，在一系列提振消费政策推动下，消费市场持续恢复回升，金银珠宝成为全年各商品零售类别中增长幅度最快的品类，小克重、新款式的黄金首饰备受消费者青睐，金条及金币消费实现较快增长。海洋矿业企业充分受益行业高景气拉动，资源优势加速向经济效益转化。

六、海洋盐业

2023 年，面对跌宕起伏的市场形势，山东省海洋盐业承压前行，全年实现增加值 19.0 亿元，位居全国首位，比上年增长 1.0%。

盐业大省地位巩固，产业影响力不断扩大。山东省食盐产销逐年攀升，年产销食盐 200 万吨左右，除满足本省需要外，供应链辐射全国 26 个省区市，全国食盐市场占有率 17% 以上，同时出口日、韩、欧美、东南亚等国家和地区。首次组建山东省盐行业专家库，确定省内外相关领域第一批 50 人的入库专家名单。设立山东省盐业协会科学技术奖并制定《山东省盐业协会科学技术奖奖励办法》，对加速盐业科学技术事业的发展起到积极的推动作用。建立青岛海盐博物馆，旨在展示海盐蕴藏的特色文化，再现盐区的千年历史和时代风貌，为传承盐业优秀历史文化、推进工业遗产保护工作贡献力量。

企业发展展现新面貌，科技创新推动降本增效。鲁盐集团推动线上渠道稳步提升，大力开展线上销售和快递云仓建设，鲁盐云仓半年发货量突破150万单，自有平台视频曝光量突破2 000万次。山东省消费者权益保护工作联席会议办公室公布2023年度山东省放心消费示范单位，滨州盐业有限公司、龙威实业有限公司、日照盐粮集团、烟台盐业公司福山分公司、日照盐业商贸有限公司荣登榜单，助推海盐企业高质量发展。盐企光伏项目并网发电，大幅度降低真空盐车间动力成本，升级改造水洗盐项目，产品理化指标显著提高，吨盐处理成本降低上百元，系列科技创新项目为降本全面赋能。

七、海洋船舶工业

2023年，山东省海洋船舶工业保持较高景气度，全年实现增加值69.1亿元，比上年增长5.1%。

产业发展扩规提质。全省重点监测船舶企业全年实现主营业务收入517.1亿元，同比增长21.0%。三大造船指标全面增长，造船完工量、新接订单量、手持订单量分别达到318.4万、722.4万、1 451.3万载重吨，同比增长20.5%、53.1%、35.4%。其中，新承接订单量居全国第三位，较去年提升2位；造船完工量、手持订单量增速分别高于全国8.7个百分点和3.4个百分点，手持订单量创历史新高。山东省船企平均生产保障系数约4.6年，超全国平均水平1.3年。

船舶智能化、数字化水平不断提升。加快发展数字化造船，支持船企深耕智能制造。蓬莱中柏京鲁船业有限公司建造的我国首艘数字孪生智能科研试验船“海豚1”号顺利完工（图2-3），打造国内首个船舶智能系统与设备测试及验证的“海上流动”实验室。自动化程度高、集成先进环保理念和网络技术设计的邮轮级高端客滚船成功交付。青岛北海造船有限公司4艘21万吨散货船和目前世界上运营的最大吨位木屑船圆满收官，造船完工量位居全国第五。山东船舶制造不断向着科技化、自动化、智能化迈进。

图 2-3　我国首艘数字孪生智能科研试验船“海豚 1”号

绿色船舶制造加速推进。青岛北海造船有限公司 21 万吨 LNG 双燃料动力散货船试航凯旋，首次实现“油气模式二合一”。招商金陵船舶 (威海) 有限公司建造的首艘油电混合动力的高端客滚船顺利交付，建造的 7 000 车双燃料汽车滚装船首制船提前交付。青岛造船厂有限公司 500 TEU 级汉亚直达集装箱船“华航汉亚 5”号交付，5 900 TEU 新一代双燃料集装箱船首制船试航凯旋。黄海造船有限公司自主研发设计的 21 600 立方米节能型冷藏货船开工建设。

八、海洋化工业

2023 年，山东省海洋化工业稳步发展，全年实现增加值 1 240.7 亿元，位居全国首位，比上年增长 2.8%。

海洋石油化工延链补链开拓市场。着力推动重点项目高标准建设。裕龙岛炼化一体化项目转入生产准备阶段，链主优势突出，虹吸效应明显，目前已与沙特阿美签署谅解备忘录。金能化学二期、三期项目持续推进，加速布局从基础原材料延伸到高端新材料的丙烯产业链，助推高端化工产业向世界一流水平迈进。

海藻化工创新驱动提质增效。青岛明月藻酸盐组织工程材料有限公司提交的《海藻酸钠原材料主文档》在国家药品监督管理局医疗器械技术审批中心完成国内首个海藻酸钠原材料主文档登记。聚大洋集团与青岛海洋生物医药研究院合作成立青岛达康海洋生物科技有限公司，建成首条海藻寡糖生产线，高新技术成果转化迈出坚实步伐。

海盐化工夯实基础塑造优势。持续巩固一水多用的循环生产模式，加快产业转型和动能转换。以“卤源水运、经略海洋”为主题的第二届夙沙论坛暨院士专家考察活动成功举行，旨在构建绿色盐业、环境友好、循环经济的新模式。企业发展活力强劲，山东海王化工股份有限公司成功入选山东省本土跨国公司重点培育企业认定名单，莱州诚源集团所属蓝色海洋科技股份有限公司、鲁盐集团所属菜央子盐场有限公司和汇泰集团所属金盛海洋科技股份有限公司成功入围2023年度山东省瞪羚企业。

九、海洋工程建筑业

2023年，山东省海洋工程建筑业增势稳健，全年实现增加值384.9亿元，比上年增长2.3%。

科技支撑能力不断增强。我国首座入级中国船级社的海上导管架式固定平台“同济·海一号”东海多圈层立体塔基观测平台在青岛完成陆地建造，标志着我国海洋科学观测重大科技基础设施即将上岗；坝道工程医院首家涉海分院——海洋工程分院在威海挂牌，为提升基础工程设施安全运维水平提供技术支撑；年产30万吨新型重防腐海洋工程材料项目投产，解决海洋重防腐的“卡脖子”难题。

港口工程建设项目稳步推进。加快投资建设，山东港口集团完成基础设施投资 292 亿元，新增年设计通过能力 8 187 万吨；推进“园林式港口”建设，全年完成港区绿化美化 63.5 万平方米；坚实基地保障，大洋钻探船北部母港启用，为我国深海探测奠定基础。

第二节　海洋新兴产业创新发展

一、海洋工程装备制造业

2023 年，山东省海洋工程装备制造业稳中提质，全年实现增加值 133.3 亿元，比上年增长 3.6%。

产业集群化发展进一步加速。青烟威船舶与海洋工程装备产业集群获评首批省级先进制造业集群，初步建成船舶修造、海洋重工、海洋石油装备制造三大海洋制造业基地。2023 年青岛、烟台、威海三市船舶海工装备重点监测企业实现总产值 453.2 亿元，同比增长 42.6%，占全省的 89.9%，集群化发展趋势显著，产业生态更加完善。东营海上风电装备产业园加速新能源产业发展，最新项目建成后将填补北方地区海上风电装备重型塔筒制造的空白。

海洋油气装备研发制造技术实现新突破。我国自主设计建造的亚洲首艘圆筒型“海上油气加工厂”——“海洋石油 122”浮式生产储卸油装置（FPSO）完成主体建造（图 2-4），标志着我国全类型浮式生产储卸油装置设计建造技术实现高水平自主化。中集来福士设计建造的我国第二座海上移动式自安装井口平台“海洋石油 165”平台建造完工，标志着我国自主设计建造的边际油田开发利器“小蜜蜂”系列平台已经初步实现批量化生产。全球首例一体化建造 LNG 模块化工厂——加拿大 LNG 项目最后两个核心模块顺利交付，中国超大型 LNG 模块化工厂一体化联合建造技术能力走在国际前列。

图 2-4 “海洋石油 122”浮式生产储卸油装置

海洋新能源装备不断向高水平跃升。我国最新一代深远海一体化大型风电安装船“博强 3060”试航，作业水深、甲板可变载荷、起重吊装能力等多项指标达“国内之最”，是目前国内唯一能够承运整根塔筒的新一代风电安装船。拥有完全自主知识产权的我国最新一代风电安装平台“华西 1600”交付，是目前国内桩腿最长、作业水深最大、海上施工能力最强、功能最全、效率最高的桁架桩腿风电安装平台。我国首座深远海浮式风电平台“海油观澜号”在青岛完成总体浮装后启运。国内首个半潜式海上光伏发电平台投入使用，为推进半潜式光伏走向深远海提供探索示范引领路径。

深远海养殖装备持续焕发新动力。在“国信 1 号”基础上经过全面深化设计的新型养殖工船——15 万吨级智慧渔业大型养殖工船“国信 2-1 号”“国信 2-2 号”开工建造。全国首座智能化大型现代生态海洋牧场综合体平台“耕海 1 号”二期正式运营，打造装备型海洋牧场新样板。目前，我国应用海域最远、适用水深最深、养殖水体最大、功能性能最先进的大型深远海养殖网箱装备——“深蓝 2-2 号”大型智能网箱顺利出坞，深远海养殖装备产业链条不断延伸拓展。

二、海洋药物和生物制品业

2023 年，山东省海洋药物和生物制品业向好发展，全年实现增加值 184.2 亿元，比上年增长 6.1%。

产业发展高质推进。7 部门联合印发《山东省海洋药物和生物制品业发展规划》，推动产业拓展升级。第一届国际海洋生物与健康产业大会、“蓝色药库”创新发展大会成功举办，促进海洋生物医药领域合作交流。重点项目提速发展，青岛启动千种海洋生物测序项目并发布《2023 海洋基因组学白皮书》；威海 18 个海洋生物类创新发展示范项目投入规模化生产，25 种海洋医药和生物制品进入产业化；潍坊对其 22 个海洋生物医药重点项目实行动态化、台账化管理，年产 11 000 万片海洋生物医用敷料等项目扎实推进。

海洋创新药物研发高质入轨。Ⅰ类抗肿瘤海洋新药 BG136 项目正持续推进一期临床研究，抗乙肝病毒药物 MBW1905 已向国家药审中心提报临床研究准入申请，抗急性髓性白血病药物 MBL211 项目、新型抗凝血 GS19 项目、抗慢阻肺 MBH212 项目正进行量效毒关系研究，山东省首个经过临床验证的抗 HPV 妇科凝胶上市。“蓝色药库”围绕抗肿瘤、抗病毒、免疫调节、抗心脑血管疾病等领域在研新药开发和布局项目已达 40 余项，聚集开发、梯次产出良好态势已然形成。

海洋中药领域发展步伐加快。汇聚专业力量、加强科研交流，全国海洋中药传承创新论坛（2023）暨中国海洋学会海洋中药专业委员会在山东省成立，历时 17 年编撰的《海洋中药方剂大辞典》填补我国海洋中药方剂研究领域的空白。青岛明月海藻集团成功获批青岛市海藻中药研究专家工作站，加速推动海藻中药关键技术攻关、产品开发及成果转化。积极推动重点项目，总投资 1.6 亿元的海马药材产业化项目进展顺利，建成标准化养殖车间 12 座，累计繁育大腹海马 70 万头。

三、海洋电力业

2023年，山东省海洋电力业高速发展，全年实现增加值145.7亿元，位居全国首位，比上年增长21.6%。

产能规模稳步提升。截至2023年底，沿海七市风电装机容量1 628万千瓦，较2020年增长49.4%；风电发电量308.1亿千瓦时，较2020年增长72.1%。其中，威海市风电装机容量增速为103.7%，东营市风电发电量增速达181.3%。大幅度增加清洁能源供给，海上风电新增并网规模连续两年位居全国首位，其中2022年新增200万千瓦，2023年新增211万千瓦，累计建成472万千瓦，跃居全国第三位。

海上风电厚积薄发。充分发挥海洋新能源在推动能源绿色低碳转型中的引领作用，风电产业链联盟发布500亿元供需清单，带动风电装备省内配套率进一步提升；"中国北方海上风电母港"揭牌成立，推动风电产业链上下游协同发展。统筹推进海洋可再生能源基地化、规模化开发，国家电投山东能源实现"三年三投"，先后建成半岛南3号、半岛南V场址、半岛南U1场址一期共三个海上风电项目，在运规模达125万千瓦；总装机140万千瓦的渤中海上风电基地A、B1、B2场址项目全部并网发电。

海上光伏建设取得新突破。山东省海上浮式光伏实证基地启动运营，已顺利接通全国首个400千瓦半潜式海上漂浮式光伏平台项目及全球首个竹基复合材料海上漂浮式光伏平台项目"集林一号"。国内首个桩基固定式海上光伏实证项目成果发布，威海文登HG32、烟台海阳HG34实证项目成功离网发电，探索海上光伏规模化、集约化、协同化发展路径。

绿色多元能源体系加快建立。国家第一批大型风电光伏基地暨鲁北盐碱滩涂地千万千瓦风光储输一体化基地——首批200万千瓦光伏发电项目全容量并网发电。华能滨州85万千瓦光伏发电项目、东营辉阳四期75万千瓦和五期90万千瓦项目等成功入选国家第三批大型光伏基地项目。

四、海水淡化与综合利用业

2023年，山东海水淡化与综合利用业持续聚力，全年实现增加值50.1亿元，比上年增长5.7%。

积极推动海水淡化重点项目建设。山东省有效拓宽增量水源，实施和储备了一批海水淡化项目，取得显著成效。截至2023年底，全省已建成海水淡化工程46个，日产规模达71.32万吨，年生产淡水能力超过2亿吨。龙口裕龙岛海水淡化工程、东营港海水淡化工程已建成并具备出水条件；鲁北碧水源二期海水淡化工程已开工建设，并获批中央预算内投资支持2 000万元。

促进产业发展政策落实落地。山东省政府印发2023年“稳中向好、进中提质”政策清单（第一批），明确“将淡化海水纳入水资源统一配置体系，对实行两部制电价的海水淡化用电免收需量（容量）费”。依据省财政厅等6部门印发的《生态文明建设财政奖补机制实施方案（2023—2025年）》，将海水淡化新增规模纳入海洋环境质量生态补偿范围，对青岛市、潍坊市2022年度海水淡化新增规模奖补1 400万元。

推进海水综合利用产业链融合发展。山东创新海水综合利用模式，在全国率先开展沿海滩涂盐渍化生态循环治理试点，探索“用海水治理海水，用咸水治理咸水”综合利用新路径。成立部、省、市共建的全国首家海水综合利用研究中心，解决制约海水综合利用产业发展瓶颈问题。海水化学资源利用取得新突破，全球首个海水提锂项目落地青岛，将助力我国锂资源自主可控，解决锂资源严重依赖进口的问题。

加强科研创新驱动技术攻关。推动建设山东省海水利用装备工程技术协同创新中心，及时跟进了解重大科技创新需求。“无氯海/卤水提溴工艺技术装备研发”成功入选省科技厅2023年省重点研发计划（重大科技创新工程）项目，助力企业打造国内溴素生产企业新型示范标杆。组织开展山东省海水资源利用全产业链协同发展等社科重大问题研究，申报宽域高效海水淡化高压泵关键技术研究与示范应用等重大科技项目，积极为山东省发展新质生产力贡献力量。

第三节　海洋服务业加快推进

一、海洋交通运输业

2023年，山东省海洋交通运输业持续释放整合效应，全年实现增加值1 513.2亿元，比上年增长7.0%。

港口集疏运效率持续提升。山东省发挥港口国内国际双循环战略支点作用，大力发展海上运输。2023年，全省沿海港口完成货物吞吐量19.7亿吨，居全国沿海省份首位，同比增长4.4%；完成集装箱吞吐量4 175万标准箱，同比增长11.1%，居全国沿海省份第三位（图2–5）。2023年，全省水运主要指标增势良好，完成水路货运量2.5亿吨，同比增长19.6%，高于全国增速10.1个百分点；完成水路客运量2 552万人次，同比增长212.1%，高于全国增速90.5个百分点（图2–6）。

交通枢纽功能不断增强。山东省在海上增航线、扩舱容、拓中转，持续强化共建“一带一路”国家外贸航线配置，布局形成远近洋兼备、干支线联动的航线网络。全年新开通航线32条，总数达345条，航线总数和密度稳居北方港口首位，通达180多个国家和700余个港口。陆上开班列、建陆港、拓货源，逐步建立“航线＋班列＋内陆港”的陆向综合物流体系，基本形成“覆盖山东，辐射沿黄，直达中亚、欧洲以及东盟”的海铁联运物流大通道。全年新增内陆港9个、新开班列9条，总数分别达到41个、91条，覆盖国内13个省份，海铁联运箱量继续保持全国首位。东北亚国际航运枢纽中心建设全面提速，原油、铁矿石、铝矾土、粮食等进口量分别占全国总量的1/3、1/4、3/5、1/5。

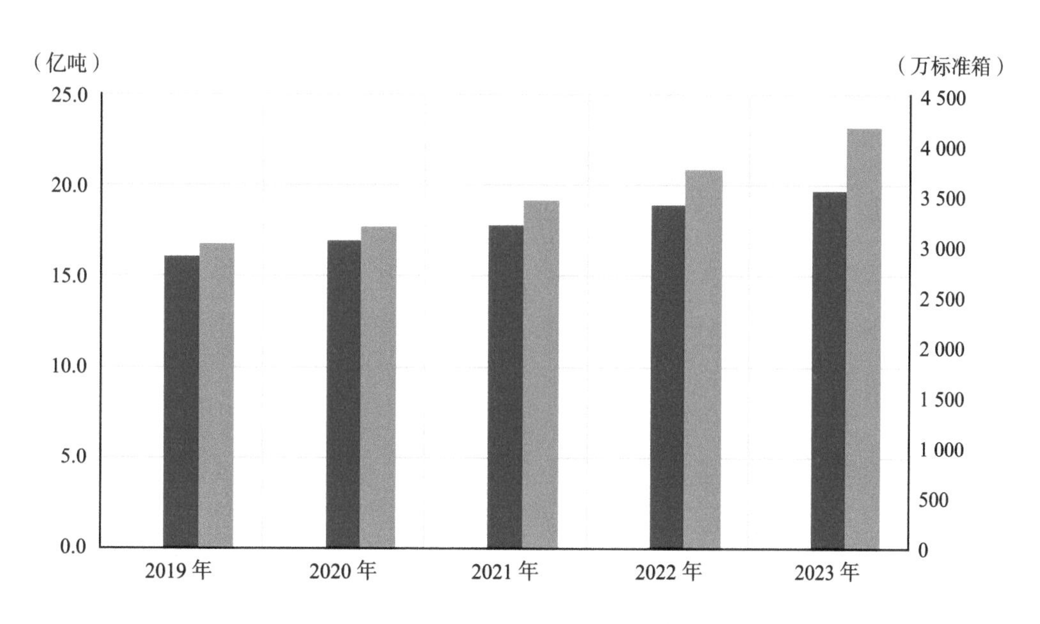

图 2-5　2019—2023 年山东省沿海港口货物吞吐量、集装箱吞吐量

数据来源：中华人民共和国交通运输部网站、山东省交通运输厅

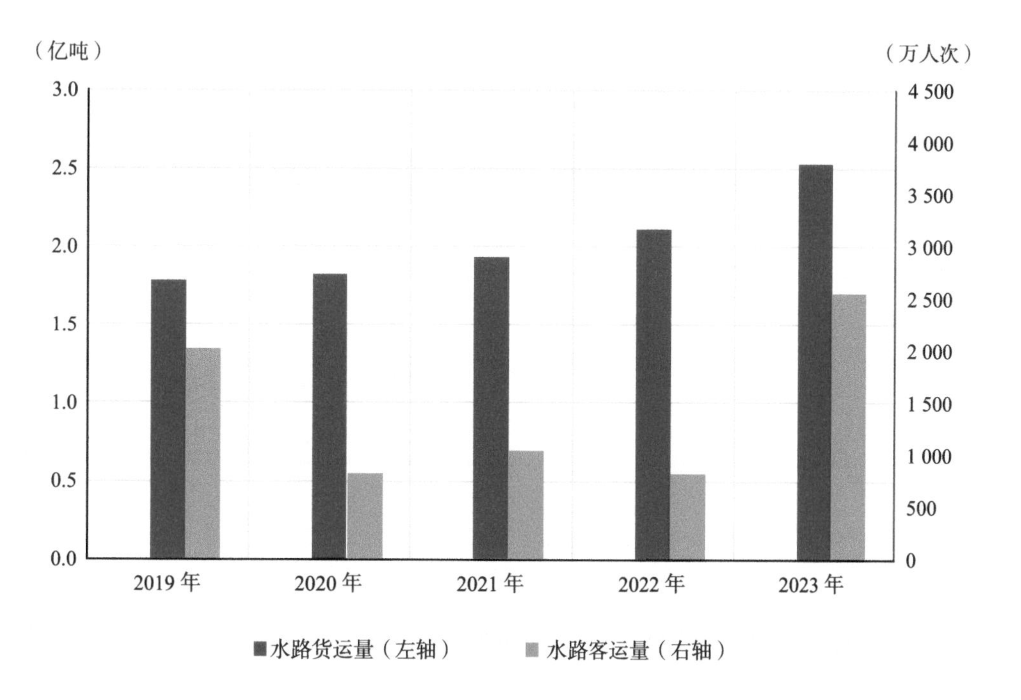

图 2-6　2019—2023 年山东省水路货运量和客运量

数据来源：中华人民共和国交通运输部网站

服务体系优势充分释放。着眼于资源集聚和要素集成，山东港口加快由“单一的港口运营商”向“供应链综合服务商”转型升级。揭牌成立供应链综合服务中心，搭建起电子舱单综合服务平台，推动“码头＋物流＋金融＋贸易＋航运”协同、“港口＋政府＋海关＋铁路＋企业”联动，打造辐射全球的港航供应链服务体系。深化与省市商务部门“商务＋港口”合作，成立青岛国际能源交易中心，加快布局服务网络。持续提升口岸效率，推进作业环节单证无纸化，青岛港效率连续七年保持全球集装箱码头泊位第一，青岛口岸在2023年十大海运集装箱口岸营商环境测评中综合得分位居榜首。探索推进政策制度创新，青岛港获批作为离境港实施启运港退税政策，惠及700多家企业。

基础设施建设持续发力。聚焦建设世界级专业化码头集群，山东省实施新一轮港口基础设施提升工程，建成青岛港自动化码头三期工程等项目（图2–7）。截至2023年底，全省沿海港口生产性泊位达到661个，其中深水泊位381个，专业化集装箱泊位46个，20万吨级及以上大型泊位29个，大型泊位规模位居全国沿海首位。加强港口与腹地的交通衔接，实施重要港区集疏运铁路“最后一公里”畅通工程。推进大宗货物“公转铁”“公转水”，集疏运结构持续优化，综合运输效率不断提升。推动小清河与潍坊港、广利港、莱州港、龙口港海河联运，打通“龙口港—寿光港—博兴港”等海河联运通道，运输费用较陆路运输节约20% ~ 30%。

图2–7　青岛港自动化码头

生态圈层构筑开放融合。加速拓展国际化布局，提升全球资源配置能力。山东港口同哈萨克斯坦库雷克港、阿塞拜疆巴库港、英国联合港、埃及亚历山大港缔结为友好港，全球友好港“朋友圈”扩大到44个，揭牌成立山东港口东南亚、欧洲、非洲、西亚4个区域公司、驻哈萨克斯坦办事处及海外仓，推动东南亚冷链物流、中东新航线轮胎供应链等新业务落地，打造面向全球的开放融合发展格局。推进港区、园区、城区“三区互融”示范区建设，强化临港、省内、沿黄服务，累计投资1 685亿元，招商引资123亿元，提升港口城市服务能级。加强与中远海运、中矿、中粮等央企密切战略合作，构建多方合作新生态。

二、海洋旅游业

2023年，山东省海洋旅游业全面复苏，全年实现增加值2 189.2亿元，比上年增长17.1%。

扶持政策利好，注入强劲发展动力。全面落实省委“山东消费提振年”决策部署，把恢复和扩大消费摆在优先位置。顺应推出景区门票减免政策，强化惠民消费措施和活动拉动，拓展夜间文旅消费空间，发挥乘数效应，撬动整体消费。2023年，沿海7市接待国内游客4.3亿人次，国内旅游收入4 763.7亿元，分别同比增长63.8%和67.8%。

规划标准先行，推动行业高质量发展。《推进海洋旅游高质量发展的实施方案（2024—2026年）》印发，提出到2026年，全省沿海7市年接待游客量超过4.7亿人次，旅游收入超过6 700亿元，推动海洋旅游发展提速、品质提升、市场扩容。山东省文化和旅游标准化技术委员会成立，切实提升文旅工作规范化水平。

景区品质提升，增强海洋旅游竞争力。青岛明月海藻世界景区被评定为国家4A级旅游景区，是目前全球唯一以海藻为主题的旅游景区。青岛市大鲍岛文化旅游休闲街区成功入选第三批国家级旅游休闲街区名单，打开文旅消费新端口。

假日主题变换，开展系列文旅活动。以“相约时尚青岛，共享好客山东”为主题的2023山东省旅游发展大会在青岛举办，共谋文化旅游高质量发展。以“Let’s Yantai！”为主题的烟台国际海岸生活节盛大开幕，进一步激发暑期文旅消费势头。以“千里山海”品牌为引领，威海暑期开展150余场千里山海沙滩音乐节系列活动，吸引游客深度体验威海滨海特色，带动旅游市场持续火爆。以“泉海相约·冬游即墨”为主题的青岛海洋温泉节涵盖多种冬日文旅元素，进一步丰富游客冬季出游选择。

开展海洋推介，持续擦亮海洋旅游品牌。深入挖掘沿海文旅资源，依托滨海风景、海岛风光、沿海美食等文旅元素，赴长三角、京津冀、大湾区、沿黄省份等重要客源地，举办2023好客山东“山盟海誓·鲁沪有约”“沿着黄河遇见海”推广活动8场，分类推介海洋精品旅游线路和沿海城市旅游资源，强化山东省海洋旅游产品目的地精准营销。参加中国国际进口博览会、中国国际旅游交易会、中国（武汉）文化旅游博览会和中国旅游产业博览会等国内重点文旅展会活动，采用主题化、场景化、故事化展陈设计，融合裸眼3D、5G高清视频、数字大屏、场景搭建等多种形式展示山东省滨海文化旅游资源和海洋旅游文创商品。策划“沿着黄河遇见海”“最in山东打卡地”等线上推介活动，通过丰富精彩的图文、视频等形式，推介山东省海洋旅游资源。话题“沿着黄河遇见海”持续更新，总阅读（播放）量已突破22亿次，进一步擦亮山东省“仙境海岸”海洋旅游品牌，提升了“好客山东”品牌的知名度和美誉度。

三、海洋科研教育管理服务业

2023年，山东省海洋科研教育管理服务业扎实推进。海洋科研教育实现增加值990.6亿元，比上年增长1.5%；海洋公共管理服务实现增加值1 932.0亿元，比上年增长 0.1%。

海洋科学研究有序开展。“海卤水高效资源化利用技术开发”等 17 项山东省重大科技创新工程项目（表 2–1）、“海底电缆挖铺埋一体化高端装备自主研制及产业化项目”等 3 项驻鲁部属高校服务山东重点建设项目（表 2–2）、“海马新种质创制及产业化应用”等 6 项山东省农业良种工程项目（表 2–3）、“海上风电安装船吊装控制关键技术研发及应用”等 5 项山东省中央引导地方科技发展资金项目（表 2–4）相继获批立项。

表 2–1　2023 年山东省重大科技创新工程项目（海洋领域）

序号	项目名称	承担单位
1	高精度三维探测成像设备研制	青岛森科特智能仪器有限公司
2	面向全球海洋应用的北斗三号稳健通信技术与装备	青岛国数信息科技有限公司
3	海工装备用高端铜合金材料研制	烟台万隆真空冶金股份有限公司
4	船用LNG、氨气、甲醇双燃料供给系统开发	青岛双瑞海洋环境工程股份有限公司
5	船用涡轮增压器研制	康跃科技（山东）有限公司
6	海工装备用关键材料与焊接技术开发	山东钢铁股份有限公司
7	深远海大型海上风机安装设施开发	烟台中集来福士海洋工程有限公司
8	海上风电用激光雷达遥感技术开发	青岛镭测创芯科技有限公司
9	海上风电用湿式绝缘海底电缆关键技术研究及应用	青岛汉缆股份有限公司
10	海珍品工厂化育苗技术研发	山东安源种业科技有限公司
11	贝类机械化采收技术和装备	山东得和明兴生物科技有限公司
12	绿色智能化循环水养虾技术体系构建与示范	山东明波海洋设备有限公司

续表

序号	项目名称	承担单位
13	海洋源抗冠状病毒国家一类新兽药的创制	青岛康地恩动物药业有限公司
14	海洋生物资源高值化利用专用酶制剂开发	青岛蔚蓝生物股份有限公司
15	海洋钛合金石油套管开发	山东泰山钢铁集团有限公司
16	海卤水高效资源化利用技术开发	山东海化集团有限公司
17	无氯海/卤水提溴技术与工艺及装备研发	山东莱央子盐场有限公司

表2-2 2023年驻鲁部属高校服务山东重点建设项目（海洋领域）

序号	项目名称	承担单位
1	海底电缆挖铺埋一体化高端装备自主研制及产业化项目	中国海洋大学
2	海工装备耐蚀耐磨高强韧钢板开发与示范应用	中国海洋大学
3	海洋生态环境智能在线监测系统与装备研制及产业化示范	哈尔滨工业大学（威海）

表2-3 2023年山东省农业良种工程项目（海洋领域）

序号	项目名称	承担单位
1	多性状优质刺参新品种培育	山东华春渔业有限公司
2	日本对虾分子育种技术研发与抗逆（病）种质创制	中国水产科学研究院黄海水产研究所

续表

序号	项目名称	承担单位
3	优质海水鱼和蛤仔育繁推创新能力提升项目	莱州明波水产有限公司
4	海洋贝藻类种业领军企业培育	威海长青海洋科技股份有限公司
5	海湾扇贝杂交新品种选育与产业化	烟台海之春水产种业科技有限公司
6	海马新种质创制及产业化应用	威海银泽生物科技股份有限公司

表 2-4　2023 年山东省中央引导地方科技发展资金项目（海洋领域）

序号	项目名称	承担单位
1	海上风电安装船吊装控制关键技术研发及应用	山东海洋集团有限公司
2	刺参对高温低氧的响应特征及池塘养殖安全度夏技术	山东通和海洋科技有限公司
3	面向海洋物联网应用的智能芯片研制及产业化	青岛国家大学科技园有限公司
4	山东省海洋科技成果转移转化中心（创新创业共同体）支撑能力提升项目	山东省海洋科学研究院
5	海洋油气深水节流阀关键技术研究与国产化研制	威飞海洋装备制造有限公司

海洋教育取得新进展。山东省 8 部门联合印发《关于成立“十强”优势产业集群产教融合共同体的通知》，其中成立现代海洋产教融合共同体，重点培养海洋装备制造、海洋食品、海洋生物医药、海水养殖、海洋交通运输、海洋服务业和海洋渔业等领域高素质技术技能人才。《山东省教育厅关于优化职业教育专业设置的指导意见》出台，提出重点布局现代海洋优势产业集群领域

相关专业。2 个船舶与海洋工程装备类项目入选山东省第一批现场工程师专项培养计划项目名单。

海洋公共管理服务持续深化。发挥“海洋委 + 海洋办 + 海洋局”管理机制优势，陆海统筹推进海洋强省建设，山东省召开十二届省委海洋委第一次会议，审议通过《省委海洋委 2023 年工作要点》。海洋开发区建设取得新突破，全国首个海上经济开发区——山东长岛“蓝色粮仓”海洋经济开发区正式获批。持续推进“绿水青山就是金山银山”的海岛实践，打造国内一流、国际先进的海洋生态岛。2023 年，长岛综合试验区完成地区生产总值 81.79 亿元，一般性公共预算收入 1.3 亿元，主导产业为海上养殖、生态旅游。组织召开了长岛海洋生态保护和持续发展工作推进会议。海洋社会团体持续壮大，山东省海洋国际标准创新中心、海洋负排放（ONCE）国际标准研究中心成立，山东省船舶产业创新创业共同体揭牌。海洋环境评价、海洋技术推广、海洋信息采集等服务不断深化发展。

第四节　海洋相关产业支撑有力

2023 年，山东省海洋相关产业较快增长。海洋上游相关产业实现增加值 2 505.9 亿元，比上年增长 7.4%；海洋下游相关产业实现增加值 3 969.4 亿元，比上年增长 6.7%。

涉海设备与材料制造取得新突破。青岛双瑞海洋环境工程股份有限公司持续推进压载水处理产品优化升级，国内首个自主研发的无滤器电解法压载水管理系统发布并获挪威船级社型式认可证书，成功进入国际市场，全面提升了我国在船舶核心装备行业的核心竞争力。潍柴发布的全球首款大功率金属支撑固体氧化物燃料电池实现了 SOFC 技术的工程化突破，创下了大功率 SOFC 热电联产系统效率全球最高纪录。山钢 80 毫米厚 EH690Z35 超高强海洋工程用钢板在中国船级社验船师见证下完成检验，性能全部合格，为自升式风电安装船等提供先进钢铁材料。

涉海金融服务赋能产业发展。银保监会发布《银行业保险业贯彻落实〈国务院关于支持山东深化新旧动能转换推动绿色低碳高质量发展的意见〉实施意见》，提出加强和改进现代海洋经济发展金融服务。滨州举办现代海洋产业“银企”对接活动，海洋企业代表与金融机构共同签署了融资授信协议，签约金额达 7.35 亿元。威海市商业银行常态化对接海洋重点项目推介会，精准为涉海主体提供金融服务，满足涉海主体多样化融资需求。2023 年，全省新增 4 家涉海上市企业，新增 3 家涉海新三板挂牌企业。

第三章

海洋科技自立自强迈向新征程

第一节　海洋科技力量不断壮大

实验室体系化建设初见峥嵘。崂山实验室实现规范化运行。累计2家涉海全国重点实验室获批，本年度6处全国重点实验室应用牵引基地落地山东。山东省智慧海洋牧场重点实验室等3家海洋领域省重点实验室由科技厅批准筹建（表3-1）。生态环境部与山东省人民政府共建国家环境保护陆海统筹生态治理与系统调控重点实验室。海洋领域四级实验室体系建设初步成型，将成为孕育重大原始创新、解决重大科技问题的战略要地，为实现绿色低碳高质量发展提供基础保障。

表3-1　2022年底批准筹建的省重点实验室名单（海洋领域）

序号	重点实验室名称	依托单位	主管部门
1	山东省智慧海洋牧场重点实验室	山东省海洋科学研究院、山东海洋集团有限公司、山东省科学院海洋仪器仪表研究所	山东省海洋科学研究院
2	山东省深海矿产资源开发重点实验室	自然资源部第一海洋研究所	自然资源部第一海洋研究所
3	山东省海洋电子信息与智能无人系统重点实验室	哈尔滨工业大学（威海）	威海市科技局

海洋科技创新平台建设加快推进。部、省、市共建深海三大国家平台加速落地。联合国“海洋十年”海洋与气候协作中心正式启动，以原创科技突破为海洋与气候的预测贡献了中国智慧和解决方案。国家海洋综合试验场（威海）完成科研码头等基础设施建设，持续推进远遥浅海科技湾区打造，成立协同创新平台，年内开展试验任务20余组，引进项目10个、入驻专家团队5个。中国科学院海洋科学数据中心、海洋负排放（ONCE）国际大科学计划科学数据平台同时启动。国家海水利用工程技术（威海）中心建

设持续推进，紧抓关键技术创新，降低海水淡化成本。全国海洋生物与健康行业产教融合共同体成立，共建产教融合新生态。山东省船舶动力技术创新中心等4家现代海洋领域省技术创新中心获批建设（表3-2）。

表3-2　2023年新建省技术创新中心名单（现代海洋领域）

序号	技术创新中心名称	建设领域	牵头单位
1	山东省船舶动力技术创新中心	现代海洋	中船发动机有限公司
2	山东省深远海养殖工船技术创新中心	现代海洋	青岛国信蓝色硅谷发展有限责任公司
3	山东省海上风电装备技术创新中心	现代海洋	蓬莱大金海洋重工有限公司
4	山东省非常规油气装备技术创新中心	现代海洋	烟台杰瑞石油装备技术有限公司

海洋科研创新服务能力不断提高。全国海洋科技大市场暨半岛科创技术转移（成果转化）服务平台启动建设，构建“一网一厅”线上线下服务体系，着力推动海洋技术市场发育、提升创新创业能级。山东省海洋科技成果转移转化中心（创新创业共同体）揭牌，以提高山东省海洋科技成果转化能力、发展壮大海洋产业为目标，打造“科技引领、资源集聚、协同攻关、深度融合、互补互促、开放共享”的海洋产业创新创业生态体系。青岛市海洋大数据合作发展平台正式成立，促进海洋数据要素率先共享、合规交易，提升海洋数据资源价值。

第二节　海洋核心技术攻关取得新成果

海洋科技创新应用取得重大突破。“耕海1号”二期项目开创综合开发利用海洋资源新模式，实现“蓝色粮仓+蓝色文旅”的一三产业创新融合，成为我国现代海洋牧场发展的“齐鲁样板”。“国信2–1号”“国信2–2号”15万吨级大型养殖工船在总体设计、功能区划分、新能源利用等方面进行了160余项优化升级改进，标志着深远海智慧渔业大型养殖工船进入2.0时代。渤中19–6气田中心平台在渤海海域完成浮托安装，标志着中国渤海首个千亿方大气田工程完成了技术难度最高、重量最重的组块安装。圆筒型浮式生产储卸油装置（FPSO）“海洋石油122”成功掌握了8项关键施工技术，创新采用三维模拟搭载等数字化手段，标志着我国深水超大型海洋油气装备研发制造技术能力实现新突破。谷神星一号海射型运载火箭在山东海阳及附近海域完成首次海上发射，成功将4颗卫星送入预定轨道，发射任务获得圆满成功。

海洋科技领域成果斐然。“新一代深远海一体化大型风电安装船”荣获山东省十大科技创新成果。“西太平洋边缘海盆构造岩浆作用与深部碳循环”等3个项目获山东省自然科学奖。“面向复杂海洋环境的高效可靠水声通信技术及应用”等2个项目获山东省技术发明奖。“海洋大数据与智能计算平台技术研发及应用”等9个项目获山东省科学技术进步奖。“南极磷虾极地环境适应与群体演化的遗传机制”等3项成果入选山东省科技创新成果提名榜单。“暖温带深远海鲑鳟鱼类养殖模式构建与示范”等41个项目获山东省海洋科技创新奖。

海洋标准化建设稳步推进。加强山东省海洋标准体系及子体系建设，先后完成海洋标准体系及海洋碳汇等子体系研究，初步搭建海洋标准体系框架。强化海洋领域国际标准化工作，成立“山东省海洋国际标准创新中心”“海洋负排放（ONCE）国际标准研究中心”。《近海产卵场生境适宜性评价技术指南》等5项地方标准项目以及《海水增养殖区环境微塑料监测技术规范》等2项山东省原创技术标准项目获批立项，《海岸建筑退缩线划定技术指南》等7项海洋地方标准发布实施，参与制定《海岛生态建设指南》等国家标准51项、《海洋牧场监测技术规范》等行业标准26项。我国首个海草床生态系统修复技术和海洋底栖动物种群生态修复效果评估技术国家标准《海洋生态修

复技术指南 第4部分：海草床生态修复》《海洋底栖动物种群生态修复监测和效果评估技术指南》由国家市场监督管理总局（国家标准化管理委员会）批准发布并正式实施。山东省港口集团牵头编制的全国首个“近零碳港区”建设技术标准《近零碳港区建设技术要求》由中国航海学会正式发布实施。

第三节　涉海企业创新主体地位日益强化

涉海企业创新主体规模不断扩大。2023年，山东省海洋领域高新技术企业数量突破900家，首批涉海科技领军型入库企业达到81家。新认定涉海瞪羚企业184家，占年度新认定企业总数的28.1%。29家涉海企业入选山东省综合百强企业名单。28家涉海企业被认定为山东省技术创新示范企业，占年度新认定企业数量的26.2%。497家涉海企业通过创新型中小企业评价。51家涉海企业入选2022年度山东省新材料领军企业培育库，占比达19.5%。14家涉海企业被列为2022年度山东省新材料领军企业50强。

企业科技创新支撑能力显著提升。山东胜利通海集团东营天蓝节能科技有限公司等19家涉海企业通过2023年山东省“一企一技术”研发中心运行评价。威海光威户外装备有限公司牵头建设的山东省钓具制造业创新中心获山东省制造业创新中心认定，好当家集团有限公司牵头组建的山东省海洋预制菜制造业创新中心被列为山东省制造业创新中心培育对象。青岛国实科技集团有限公司申报的“超大规模混合算力海洋人工智能公共算力开放创新平台”成功获批。企业创新平台建设有效推动了海洋科技研发与产业化应用的深度融合，为海洋经济转型升级和高质量发展提供了有力支撑。

企业技术创新潜能逐步释放。青岛港口装备制造有限公司等17家企业的自主研发产品获2023年度山东省首台（套）技术装备认定。北玻院（滕州）复合材料有限公司海底设施耐腐蚀保护结构技术等2个项目被评为第三批山东省新材料创新应用示范项目。潍坊力创电子科技有限公司推荐的船舶双燃料发动机电控多点喷射系统和青岛海大生物集团股份有限公司推荐的浒苔无害化处理及资源化利用技术入选《2023年山东省绿色低碳技术成果目录》。

第四节　海洋科技人才引育汇聚新势能

发挥创新平台载体作用，引进海洋人才。充分发挥海洋科技优势，以建设国家战略科技力量为引领，持续强化人才队伍建设。部省共建中国海洋国际人才港签约落地，在海洋人才引进和集聚、海洋战略性新兴产业引育、科技创新和成果转化、搭建国际交流合作平台等方面开展合作。第二届中国山东海洋高端人才交流暨项目洽谈会在青岛举办，搭建政校企招聘对接平台，推动涉海涉蓝创新成果转化，加快海洋领域高端人才智力集聚。

研究出台配套政策，激励海洋人才。2023年度遴选确定泰山产业领军人才工程蓝色人才专项领军人才10名，累计支持领军人才团队49个，拨付省级资助资金4亿余元。编制完成智慧海洋领域“四链”融合4张清单，筛选确定了80个实施主体、111个技术攻关需求、155个人才引育需求，畅通产学研人才渠道。2人入选国家杰青，在山东省入选的海洋领域国家杰青累计达45名。中国人民解放军海军潜艇学院教授笪良龙、中国海洋大学教授薛长湖当选为中国工程院院士。中国科学院海洋研究所张瑞永研究员入选海洋强国青年科学家。中国海洋大学海洋生命学院海洋生物多样性与进化研究所高珊教授获山东省科学技术青年奖。10人获2023年度山东省海洋科技创新奖青年海洋科技奖。

第四章

海洋生态文明建设扎实推进

第一节　海洋生态保护稳中有序

扛牢黄河流域生态保护重大责任。《山东省黄河生态保护治理攻坚战行动计划》《2023年度山东省黄河生态保护治理攻坚战工作要点》印发，实施黄河流域生态保护“十大行动”，连续两年在黄河流域开展省级自然保护地生态保护成效评估。聚焦黄河口海洋生物多样性资源养护和生态系统保护，连续14年开展黄河调水调沙监测。黄河三角洲国家级自然保护区鸟类数量从1992年建区时的187种增加到373种。

海洋环境与生态状况持续改善。2023年，全省近岸海域优良水质所占比例为95.6%，同比提升10.2个百分点，刷新监测记录；创新陆海统筹入海河流总氮治理模式，全省入海河流总氮浓度均值较2022年改善16.6%，其中国控入海河流总氮浓度均值改善21.07%。山东威海桑沟湾、山东烟台八角湾、山东烟台长岛庙岛诸湾入选第二批美丽海湾优秀案例，国家级美丽海湾数量位列全国第一。烟台长岛综试区南长山岛和北长山岛（岛群）、大黑山岛、砣矶岛获全国首批“和美海岛”称号。

海洋碳汇调查评估工作稳步推进。成功举办2023年绿色低碳高质量发展大会，会上正式成立国际海洋碳汇产业组织。系统推进全省典型区域海洋生态系统碳储量调查评估，完成莱州湾盐沼生态系统、威海双岛湾海草床生态系统、桑沟湾海草床生态系统碳储量现场调查。完成全国首个省级海洋碳汇标准体系框架编制；14项海洋碳汇领域相关标准立项；《山东省海草床碳汇碳普惠方法学》作为山东省首个通过专家评审的碳普惠项目方法学，依据该方法学开发的海洋碳汇项目——长岛庙岛村西部海草床所产生碳普惠海洋碳汇量，用于抵扣2023年六五环境日国家主场等大型会议碳排放，成功实现会议碳中和。

海洋生物多样性保护稳扎稳打。《山东省生物多样性保护条例》出台，全国首个省级海洋生物多样性保护监管平台建成；开展山东省滨海湿地景观多样性遥感监测，基于40多年的时空变化遥感监测数据，针对性地开展了典型滨海湿地景观多样性智能化监测及精准制图技术研究。自然资源部莱州湾海洋生态系统野外科学观测研究站获批建设，有望成为代表我国海湾生态系统观测与研究先进水平的长久性科学观测平台与研究基地。

第二节　海洋生态治理与修复高效推进

入海排污口整治扎实开展。山东省政府办公厅印发《山东省入河入海排污口监督管理工作方案》，建立入河入海排污口动态排查、规范整治、科学监管和全方位保障的长效管理机制。完成 2 万余个入海排污口动态整治，部署开展入海排污口整治成效第三方核查评估，完成 1 600 个排污口现场检查抽查，对 415 个排污口开展水质监测，入海排污口规范化监管水平不断提高。山东省出台《山东省海水养殖尾水排放标准》，填补了海水养殖环境监管制度的空白。

重点海域综合治理目标按期完成。生态环境部《重点海域综合治理攻坚战行动方案》确定 18 项具体任务全部按时间节点顺利推进。滨海湿地和岸线得到有效保护，大陆自然岸线保有率实际占比为 38.35%，达到了“大陆自然岸线保有率不低于 35%”的目标；“十四五”以来已修复岸线长度 42.9 千米，完成总任务的 74.0%；修复滨海湿地面积 8 661.5 公顷，完成总任务的 96.2%。

互花米草综合防治有序提升。召开全省互花米草防治工作会议，设立山东省互花米草防治攻坚专项小组，印发《山东省互花米草防治攻坚行动方案（2023—2025 年）》，明确新一轮三年治理目标。全省互花米草分布和治理数据纳入自然资源“一张图”，建立山东省互花米草分布数据库。2023 年，互花米草清除率超过 85%，圆满完成年度工作任务，争取国家治理资金 1.3 亿元，山东作为全国典型，在第二次全国互花米草防治工作现场会上进行经验交流。

海洋生态保护修复项目扎实推进。烟台、威海 2 个海洋生态保护修复项目纳入中央财政支持范围，获奖补资金 6 亿元。东营渤海综合治理攻坚战海洋生态修复项目入选国际海岸带生态减灾协同增效案例。威海成为 2016 年以来全国唯一累计6期获批中央财政支持海洋生态保护修复工程项目的城市。日照海龙湾生态修复项目入选自然资源部海洋生态保护修复十大典型案例。

海洋生物资源修复持续开展。《山东省水生生物增殖放流工作导则》印发，进一步规范全省水生生物增殖放流工作，维护水生生物多样性和水域生态安全。完善增殖放流标准化体系，新制定《水生生物增殖放流技术规范　黄姑鱼》行业标准，全省累计制定增殖放流行业标准9项，稳居全国第一。持续开展大规模公益性增殖放流，取得了显著的生态效益、经济效益和社会效益，2023年全省秋汛共回捕中国对虾、海蜇、三疣梭子蟹等近海捕捞渔民增收型增殖物种产量5.8万吨，实现产值23.5亿元，分别同比增加83%和39%。2023年，全省累计投入海洋增殖放流资金2.2亿元，累计增殖放流各类海洋水生生物苗种85.1亿单位。落实伏季休渔制度，《2023年山东省海洋伏季休渔管理工作实施方案》印发，加强海洋渔业资源养护。

第三节　海洋防灾减灾成效明显

海洋生态灾害应急处置卓有成效。在自然资源部黄海跨区域浒苔绿潮灾害联防联控工作协调组统一部署下，成立山东省浒苔绿潮前置打捞现场指挥部，印发《山东省浒苔绿潮前置打捞工作实施方案》。推进省级层面和沿海市的协同联动，协调组织沿海4市开展“海上打捞+近岸拦截+岸滩清理”，控制浒苔上岸规模。2023年全省岸滩清理浒苔1.63万吨，较上年23.5万吨减少约93%，青岛市同比减少86%，生物量大幅度降低，最大限度地减少了灾害影响。

海洋防灾减灾成果推广应用。组建山东省灾害统计联络员队伍，对全年全省海洋灾情进行月报告。开展警戒潮位核定，风暴潮、海水入侵等海平面变化影响调查。通过海洋观测预报活动监管调研，掌握全省海洋观测站点建设、归属和备案情况。对全省沿海7市（含35个县区）进行海洋灾害风险普查，形成《山东省海洋灾害风险普查成果应用报告》，有效推进普查成果在风险预警和国土空间规划等方面的应用。

海洋预警预报服务扩大范围。服务海洋综合管理，全年发布赤潮月报、水母灾害预警监测简报、典型生态系统预警简报、海洋生物多样性监测评价简报以及专报等各类报告 60 余期。全年共发布海浪警报 54 期，风暴潮警报 29 期；发布海浪、潮汐等各类海洋环境预报 10 000 余期。山东广播电视台打造的山东省首档海洋环境预报节目《山东省海洋预报》正式上线，发布山东沿海各市、周边海区，及山东省内部分著名海洋牧场、美丽海岛的海洋环境预报资讯，精准指导沿海居民生产生活。

第五章

海洋开放合作持续深化

第一节　海洋对外经贸走深走实

海洋对外贸易承压前行。在外需减弱、全球地缘政治风险上升等诸多不稳定因素的背景下，2023 年全省水路运输进出口额 27 758.8 亿元，比上年降低 0.1%，占全省进出口总额的 85.0%（图 5–1）。其中，出口额 16 561.8 亿元，同比减少 0.1%；进口额 11 197.0 亿元，同比减少 0.1%。船舶贸易增势明显，2023 年全省船舶产品[1]进出口额 138.3 亿元，同比增长 43.3%。全年新设涉海类外商投资企业 48 家，实际使用外资 2.3 亿美元。

与共建“一带一路”国家贸易韧性凸显。2023 年，全省对共建“一带一路”国家水路运输进出口总额 15 938.7 亿元，比上年增长 2.2%，占进出口总额的 86.6%（图 5–2）。其中，出口额 8 389.5 亿元，同比增长 4.1%；进口额 7 549.2 亿元，同比增长 0.2%。分国别看，山东省与东盟贸易合作持续深化，全年对东盟水路运输进出口总额 5 325.0 亿元，比上年增长 5.1%，占进出口总额的 81.8%。东盟成员国中，马来西亚与山东海上贸易往来最为密切，全年对马来西亚水路运输进出口总额 2 725.2 亿元，增长 22.9%，占对东盟水路运输贸易总值的 51.2%。

海洋经贸服务持续优化。中国（山东）自由贸易试验区的“航运企业集成化审批服务新模式”“培育发展高端装备型海洋牧场新业态”等 4 项制度创新成果入选国家自由贸易试验区第五批“最佳实践案例”。山东自贸试验区青岛片区落地全球首单基于数字提单确权转数字仓单质押融资业务，成功解决了大宗商品动产确权。首单以青岛港为离境港的启运港退税业务落地，企业退税时间较此前提前 7 天以上。

1　船舶产品包括 HS 编码 8901、8902、8903。

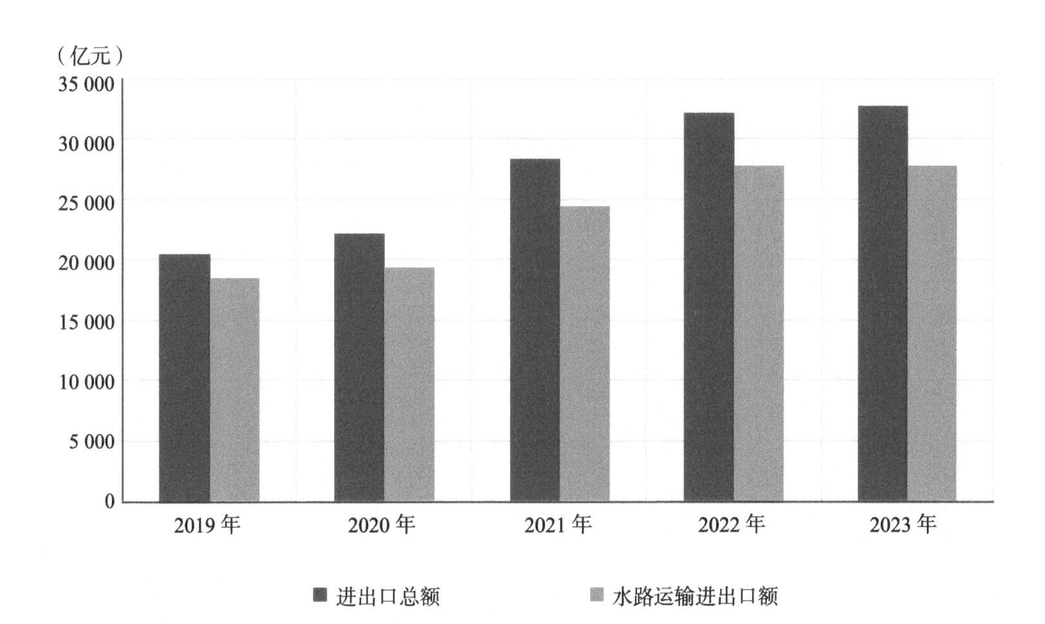

图 5-1　2019—2023 年山东省对外贸易进出口额

数据来源：中华人民共和国济南海关

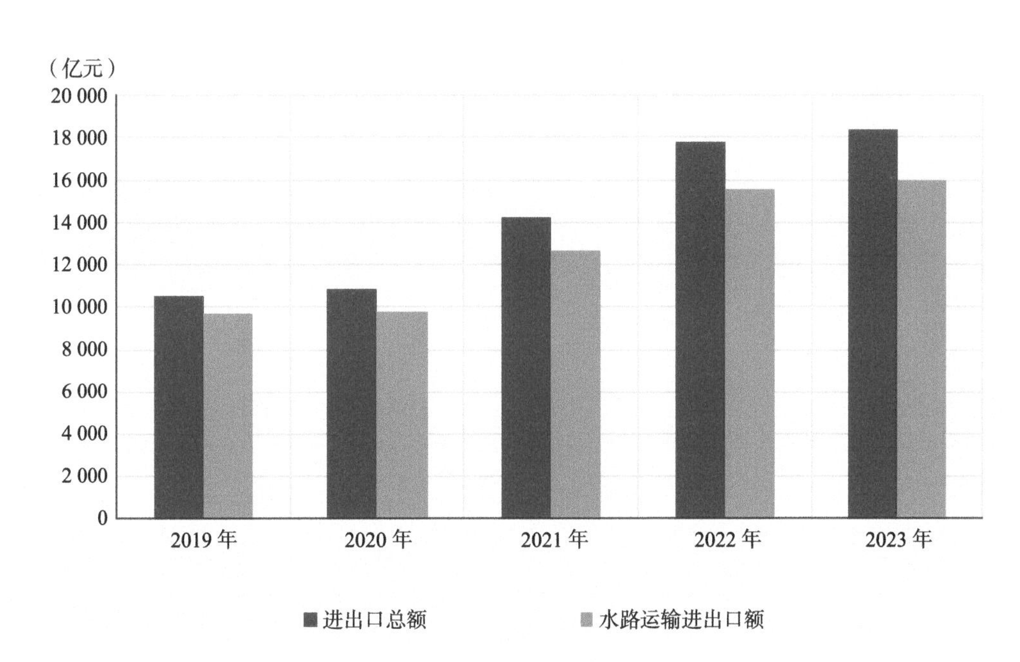

图 5-2　2019—2023 年山东省对共建“一带一路”国家进出口额

数据来源：中华人民共和国济南海关

第二节 海洋开放合作迈上新台阶

高能级平台建设取得新突破。部省市共建全国唯一“海洋十年”国际合作中心在青岛正式落地，亚洲唯一由我国机构牵头组建的“海洋十年”海洋与气候协作中心启动，为山东省在联合国框架下参与海洋国际合作奠定了坚实基础，创造了新机遇。“海洋十年”国际海洋场景创新合作中心揭牌，推动技术领先优势快速转化为市场领先优势，促进海洋领域新业态、新企业、新技术、新产品加速涌现。

东亚海洋合作平台青岛论坛走深走实。以“‘海洋十年’，和合共生”为主题的 2023 东亚海洋合作平台青岛论坛举行（图 5-3），“海洋十年”青岛倡议正式发布，同期举办东亚海洋博览会和两场企业经贸对接活动，有效促进了国际间广泛交流与合作，为进一步融入“海洋十年”，推动建立蓝色伙伴关系网络发挥着重要的平台作用。截至 2023 年，东亚海洋合作平台青岛论坛已举办 7 届，成为深度融入国家“一带一路”倡议的重要载体。

图 5-3　2023 东亚海洋合作平台青岛论坛

多项高质量国际活动成功举办。以“绿色引领 数字赋能”为主题的东北亚海洋绿色低碳高质量发展大会在威海举行，吸引了东北亚地区地方政府联合会会员省、涉海国际组织、行业协会、企业界代表约300人参会。以“加快海洋科技创新 构建海洋命运共同体”为主题的2023世界海洋科技大会在青岛召开，打造了推动海洋科技领域开放、信任、合作的国际平台。潍坊连续5年举办国际海洋动力装备博览会，持续扩大品牌影响力。山东—非洲海洋合作发展对话会成功举办，《山东—非洲海洋合作发展对话会会议纪要》发布。

第三节 海洋合作领域持续拓展

港航领域交流与合作不断深化。山东港口青岛港与埃及第一大港亚历山大港签订友好港协议，两港将围绕航线、物流和货物运输便利性等方面探讨推进深入合作，实现互利共赢。青岛港湾职业技术学院与埃及阿拉伯科技与海运学院港口培训学院签订合作备忘录并共同揭牌“埃及港口职业技能培训卓越中心”，双方将携手推动港航职业教育国际化提升和高质量发展，共同拓展培训市场。

海洋产业领域开放合作加快拓展。太平洋岛国所罗门群岛、巴布亚新几内亚、基里巴斯、库克群岛农渔部长受邀访鲁访青，签订《所罗门群岛国立大学和中国海洋大学合作框架协议》，开拓渔业国际合作的新领域。蓬莱京鲁渔业有限公司、威海昌和渔业有限公司分别在西北太平洋公海、印度洋北部公海进行资源调查和探捕项目，为公海渔业资源的可持续开发、科学管理提供重要依据。由山东省黄海造船有限公司建造的毛里求斯多用途船“佩洛斯巴纽斯”轮交付仪式在威海荣成成功举办，开拓了中毛地方合作的新领域。威海（荣成）国际友城海洋产业对接会成功举办，在进出口贸易等方面达成了初步合作意向。

海洋科技合作水平稳步提升。与挪威水产研究院签约共建中挪三文鱼国际联合研发中心，实现资源共享、合作共赢。中挪可持续水产养殖联合研发平台学术研讨会在荣成举行，为共同推动中挪水产养殖业可持续发展夯实了基础。与国际欧亚科学院（中国）共建山东夙沙卤源科学技术国家实验室，将带动全国沿海滩涂内陆盐沼卤水资源开发，引领全国乃至全球海洋盐卤产业的转型升级。

第六章

海洋综合治理能力不断增强

第一节　海洋发展战略规划支撑有力

政策引领靠前发力，深入推动海洋经济高质量发展。山东省委、省政府印发《山东省质量强省建设纲要》，聚焦胶东经济圈特色海洋资源，全面增强海洋产业竞争力，明确到2035年质量竞争型产业发展水平位居全国前列。《中国（山东）自由贸易试验区深化改革创新方案》出台，把建设“创新型海洋经济活力区”列为重要内容之一，为山东省海洋经济发展注入新动能。山东省政府发布《山东省人民政府关于设立山东长岛“蓝色粮仓”海洋经济开发区的批复》，中国首个海上经济开发区成立。山东省海洋局等19个部门印发《山东省海洋数字经济培育行动方案（2023—2025年）》，实施海上基础设施建设等十大行动，构建山东海洋经济高质量发展新优势。

着眼于产业拓展升级，谋划全省海洋工作有新成效。《山东省世界级港口群建设三年行动方案（2023—2025年）》出台，加力提速世界级港口群建设，提升山东港口服务国家战略、融入新发展格局的枢纽作用和支撑能力。《山东省能源绿色低碳高质量发展三年行动计划（2023—2025年）》研究制定，将加快推动大型海陆风光基地建设，提升绿色电力消纳能力。《山东省海洋药物和生物制品业发展规划（2023—2027年）》发布，积极推进海洋生物医药产业发展战略不断深化。《山东省船舶与海工装备产业链绿色低碳高质量发展三年行动实施方案（2023—2025年）》印发，明确提出做大做强新能源船舶产业集群。《推进海洋旅游高质量发展的实施方案（2024—2026年）》出台，推动全省海洋旅游发展提速、品质提升、市场扩容。

规划体系不断完善，地市开展海洋问题研究有新成果。营商环境展现新气象，制定实施《青岛市海洋发展领域优化营商环境二十条举措》，打造“海洋好办”服务品牌。科学铺排海洋生物医药工作，相继出台《威海市海洋生物与健康食品产业集群高质量发展三年行动计划（2023—2025年）》《青岛市进一步支持生物医药产业高质量发展若干政策》《烟台市海洋药物和生物制品业发展规划（2023—2027年）》，推动以海洋为特色的生物医药全链条发展。《东营市推动绿色低碳高质量发展2023年重点任务分工方案》《潍坊市深化新旧动能转换推动绿色低碳高质量发展2023年重点工作任务》《日照市碳达峰工作方案》《滨州市碳达峰工作方案》接连落地，打造绿色低碳发展高地。

第二节　海洋综合管控能力有效提升

全面加强岸线监管。推进省级海岸带规划编制工作，《山东省海岸带及海洋空间规划（2021—2035年）》完成首轮征求意见，沿海7市全部完成海岸建筑退缩线成果划定。深化自然岸线监管，《山东省海洋局关于建立实施自然岸线占补制度的通知》印发实施，在全省范围建立自然岸线占补制度。加快海岸建筑退缩线划定工作，《关于加快海岸建筑退缩线成果备案的通知》出台，梳理海岸建筑退缩线划定中出现的难点、堵点问题，及时予以指导。

稳步有序推进海域海岛管理。制定出台《用海审批工作规范》，切实提升海域使用的科学化、规范化水平。做好重大项目用海保障，省级批复国家电投山东半岛南海上风电基地V场址500兆瓦等4个项目用海，山东海阳核电项目3号、4号机组工程等3个项目取得自然资源部用海批复，中广核山东招远核电厂一期工程等5个项目取得自然资源部用海预审意见。加快推进海域海岛历史遗留问题处置，“已批未填”类两批次共44个项目盘活围填海闲置资源570公顷，有序推进“未批已填”历史遗留问题集中备案，扎实推进无居民海岛历史遗留问题处置试点。“海域使用权及海上构（建）筑物所有权登记改革”“海域立体分层确权改革”2项制度创新成果分别入选中国（山东）自由贸易试验区改革试点经验和最佳实践案例。

精准有力开展海洋执法。组织开展海域海岛专项执法，全年共核查各类疑点疑区图斑986个，累计检查用海项目798个次，检查海岛346个次。以保护海洋生态环境为主题主线，组织开展“美丽海湾”“护航黄河”等专项执法行动，助力美丽海湾建设和黄河流域高质量发展。有序开展渔业安全执法，先后开展岁末年初渔业安全生产重大隐患专项整治、渔船安全设施设备配备排查整治专项行动等多个隐患治理行动，共开展安全隐患排查 2 891 次，累计出动执法人员 50 160 人次。组织开展“中国渔政亮剑 2023”系列专项执法行动，全省查办涉渔案件 5 046 起，6 个典型案例入选全国渔政亮剑执法、伏季休渔执法典型案例。深入开展平安渔业示范创建活动，全年新增 3 个“全国文明渔港”和 2 个“全国平安渔业示范县”。

第三节　海洋经济运行监测评估深入推进

海洋经济运行监测体系日趋完善。基于统计部门“一套表”四上单位年度更新同频完成全省海洋经济活动单位名录库更新，进一步夯实工作基础。持续完善以两个制度为依据、以“企业直报—跨部门数据协调—舆情监测”为手段、多元融通的海洋经济信息采集体系。搭建山东省海洋经济运行监测评估分析平台，实现海洋经济数据一体化管理。

五经普海洋及相关产业统计调查正式启动。《山东省五经普海洋及相关产业统计调查实施方案（2023—2024 年）》正式印发，《山东省海洋及相关产业统计调查制度》审批实施。试点工作全面完成，十个试点县区累计入户调查 2 640 户，收回有效报表数量 1 420 份，为科学、高效、全面开展五经普海洋及相关产业统计调查提供了实施路径和实践基础。

海洋经济监测评估产品不断丰富。精准对接海洋经济管理与社会发展需求，破解季度测算时效性难题，编写季度、年度全省海洋经济分析报告。常态化公开发布山东省海洋经济统计公报、山东省海洋经济发展报告等产品，搭建立体化、多维度、全方位海洋经济运行评估产品体系。

附 录

附录1　2023年山东省海洋综合管理政策汇编目录

地区	文件名称	发布机构	发布时间
山东省	《中国（山东）自由贸易试验区深化改革创新方案》	山东省人民政府	2023.01.19
	《山东省建设绿色低碳高质量发展先行区2023年重点工作任务》	山东省人民政府办公厅	2023.01.19
	《关于促进经济加快恢复发展的若干政策措施暨2023年“稳中向好、进中提质”政策清单（第二批）》	山东省人民政府	2023.02.04
	《山东省能源绿色低碳高质量发展三年行动计划（2023—2025年）》《山东省能源绿色低碳高质量发展2023年重点工作任务》	山东省能源局	2023.03.07
	《关于促进文旅深度融合推动旅游业高质量发展的意见》	中共山东省委、山东省人民政府	2023.03.25
	《山东省质量强省建设纲要》	中共山东省委、山东省人民政府	2023.04.10
	《山东省工业领域碳达峰工作方案》	山东省工业和信息化厅等3部门	2023.04.28
	《山东省2023年数字经济“全面提升”行动方案》	山东省工业和信息化厅等8部门	2023.04.28
	《山东省黄河三角洲生态保护条例》	山东省人民代表大会常务委员会	2023.05.30
	《鲁北盐碱滩涂地风光储输一体化基地“十四五”开发计划》	山东省能源局	2023.06.29

续表

地区	文件名称	发布机构	发布时间
山东省	《实施先进制造业“2023突破提升年”工作方案》	山东省人民政府办公厅	2023.07.07
	《山东省公共机构开展绿色低碳引领行动促进碳达峰工作方案》	山东省机关事务管理局等7部门	2023.07.17
	《山东省世界级港口群建设三年行动方案（2023—2025年）》	山东省人民政府办公厅	2023.07.26
	《山东省生物多样性保护条例》	山东省人民代表大会常务委员会	2023.07.26
	《关于建立实施自然岸线占补制度的通知》	山东省海洋局	2023.08.22
	《关于支持建设绿色低碳高质量发展先行区三年行动计划（2023—2025年）的财政政策措施》	山东省人民政府办公厅	2023.08.31
	《近零碳港区建设技术要求》	山东港口集团	2023.09.05
	《关于支持民营经济高质量发展的若干意见》	中共山东省委、山东省人民政府	2023.09.06
	《山东省海洋药物和生物制品业发展规划（2023—2027年）》	山东省海洋局、山东省发展改革委等7部门联合	2023.09.12
	《山东省医养健康产业发展规划（2023—2027年）》	山东省人民政府	2023.09.20
	《山东省传统产业技改升级行动计划（2023—2025年）》	山东省工业和信息化厅	2023.09.28
	《山东省海洋数字经济培育行动方案（2023—2025年）》	山东省自然资源厅等19部门	2023.10.30

续表

地区	文件名称	发布机构	发布时间
山东省	《山东省制造业数字化转型提标行动方案（2023—2025年）》	山东省工业和信息化厅	2023.10.31
	《山东省船舶与海工装备产业链绿色低碳高质量发展三年行动实施方案（2023—2025年）》	山东省工业和信息化厅	2023.11.03
	《关于加快发展先进制造业集群的实施意见》	山东省人民政府办公厅	2023.11.15
	《推进海洋旅游高质量发展的实施方案（2024—2026年）》	山东省文化和旅游厅等10部门	2023.12.25
	《山东省人民政府关于印发山东省国土空间规划（2021—2035年）的通知》	山东省人民政府	2023.12.27
	《关于加快数字经济高质量发展的意见》	中共山东省委、山东省人民政府	2023.12.28
	《关于加快实施“十大工程”推动新一代信息技术产业高质量发展的指导意见》	山东省人民政府	2023.12.29
青岛市	《青岛市海洋人才集聚行动计划（2023—2025年）》	中共青岛市委人才工作领导小组	2023.05.10
	《青岛市海洋发展领域优化营商环境二十条举措》	中共青岛市委、青岛市人民政府	2023.08.01
	《金融机构服务涉海企业特色产品汇编（2023）》	青岛市海洋发展局	2023.10.07
	《青岛市进一步支持生物医药产业高质量发展若干政策》	青岛市人民政府办公厅	2023.12.07
	《青岛市关于实施海洋之星企业倍增计划的18条政策措施》	青岛市委海洋发展委员会办公室	2023.12.18

续表

地区	文件名称	发布机构	发布时间
东营市	《关于印发东营市推动绿色低碳高质量发展2023年重点任务分工方案的通知》	东营市人民政府办公室	2023.03.13
	《关于印发东营市入河入海排污口监督管理实施方案的通知》	东营市人民政府办公室	2023.03.31
	《东营市互花米草防治攻坚行动方案（2023—2025年）》	东营市海洋发展和渔业局	2023.06.30
	《东营海洋强市建设行动方案（2023—2025年）》	中共东营市委海洋发展委员会办公室	2023.08.09
	《东营市海上交通安全条例》	东营市人民代表大会常务委员会	2023.11.30
烟台市	《关于印发烟台市数字经济发展规划（2022—2025年）的通知》	烟台市人民政府	2023.01.05
	《山东省人民政府关于设立龙口（海洋）高新技术产业开发区的批复》	山东省人民政府	2023.08.12
	《山东省人民政府关于设立山东长岛“蓝色粮仓”海洋经济开发区的批复》	山东省人民政府	2023.12.18
	《关于印发烟台市海洋药物和生物制品业发展规划（2023—2027年）的通知》	烟台市人民政府办公室	2023.12.28

续表

地区	文件名称	发布机构	发布时间
潍坊市	《潍坊市蓝碳经济发展三年行动计划（2023—2025年）》	潍坊市海洋发展和渔业局、潍坊市发展和改革委员会	2023.04.10
	《关于印发潍坊市深化新旧动能转换推动绿色低碳高质量发展2023年重点工作任务的通知》	潍坊市人民政府办公室	2023.04.17
	《关于加快化工行业向新材料新医药领域转型升级进一步提升全市化工产业高质量发展水平的实施意见》	潍坊市人民政府办公室	2023.07.12
	《潍坊市推进临港经济区建设行动方案（2023—2025年）》	潍坊市人民政府办公室	2023.07.18
威海市	《关于规范市区近岸海域养殖管理保障市民及游客正常亲海活动的通告》	威海市海洋发展局等3部门	2023.02.01
	《关于组织实施威海市域海岸带保护规划（2020—2035年）的通知》	威海市人民政府	2023.06.15
	《威海市海洋牧场发展规划（2023—2028年）》	威海市人民政府	2023.11.28
	《威海市海洋生物与健康食品产业集群高质量发展三年行动计划（2023—2025年）》	威海市海洋发展局	2023.11.29
日照市	《关于山东海纳百川深远海智能网箱用海的批复》	日照市人民政府	2023.01.22
	《关于印发日照市制造业数字化转型行动计划（2023—2025年）的通知》	日照市人民政府办公室	2023.05.31
	《关于印发日照市碳达峰工作方案的通知》	日照市人民政府	2023.06.21

续表

地区	文件名称	发布机构	发布时间
滨州市	《关于印发滨州市入河入海排污口监督管理工作方案的通知》	滨州市人民政府办公室	2023.03.30
	《关于推进海域立体分层设权的通知》	滨州市海洋发展和渔业局等3部门	2023.07.28
	《关于印发滨州市碳达峰工作方案的通知》	滨州市人民政府办公室	2023.11.30
	《关于印发滨州市推进落实山东省扩大内需三年行动计划(2023—2025年)实施方案的通知》	滨州市人民政府办公室	2023.12.29

附录2　主要专业术语[1]

1. 海洋经济：开发、利用和保护海洋的各类产业活动，以及与之相关联活动的总和。

2. 海洋产业：开发、利用和保护海洋所进行的生产和服务活动。

注：主要包括以下 4 个方面：

——直接从海洋中获取产品的生产和服务活动；

——直接从海洋中获取产品的加工生产和服务活动；

——直接应用于海洋和海洋开发活动的产品生产和服务活动；

——利用海水或者海洋空间作为生产过程的基本要素所进行的生产和服务活动。

3. 海洋生产总值：海洋生产总值是按市场价格计算的海洋经济生产总值的简称。它是指涉海常住单位在一定时期内海洋经济活动的最终成果，是海洋产业及海洋相关产业增加值之和。

4. 增加值：按市场价格计算的常住单位在一定时期内生产与服务活动的最终成果。

5. 海洋科研教育：包括海洋科学研究、海洋教育。

6. 海洋公共管理服务：包括海洋管理、海洋社会团体基金会与国际组织、海洋技术服务、海洋信息服务、海洋地质勘查。

7. 海洋上游相关产业：包括涉海设备制造、涉海材料制造。

8. 海洋下游相关产业：包括涉海产品再加工、海洋产品批发与零售、涉海经营服务。

9. 海洋渔业：包括海水养殖、海洋捕捞、海洋渔业专业及辅助性活动。

10. 沿海滩涂种植业：指在沿海滩涂种植农作物、林木的活动，以及为农

1　上述名词解释主要摘自《海洋及相关产业分类》（GB/T 20794—2021）。

作物、林木生产提供的相关服务活动。

11. 海洋水产品加工业：指以海水经济动植物为主要原料加工制成食品或其他产品的生产活动。

12. 海洋油气业：指在海洋中勘探、开采、输送、加工石油和天然气的生产和服务活动。

13. 海洋矿业：指采选海洋矿产的活动。包括海岸带矿产资源采选、海底矿产资源采选。

14. 海洋盐业：指利用海水（含沿海浅层地下卤水）生产以氯化钠为主要成分的盐产品的活动。

15. 海洋船舶工业：包括海洋船舶制造、海洋船舶改装拆除与修理、海洋船舶配套设备制造、海洋航标器材制造等活动。

16. 海洋工程装备制造业：指人类开发、利用和保护海洋活动中使用的工程装备和辅助装备的制造活动，包括海洋矿产资源勘探开发装备、海洋油气资源勘探开发装备、海洋风能与可再生能源开发利用装备、海水淡化与综合利用装备、海洋生物资源利用装备、海洋信息装备、海洋工程通用装备等海洋工程装备的制造及修理活动。

17. 海洋化工业：指利用海盐、海洋石油、海藻等海洋原材料生产化工产品的活动。

18. 海洋药物和生物制品业：指以海洋生物（包括其代谢产物）和矿物等物质为原料，生产药物、功能性食品以及生物制品的活动。

19. 海洋工程建筑业：指用于海洋开发、利用、保护等用途的工程建筑施工及其准备活动。

20. 海洋电力业：指利用海洋风能、海洋能等可再生能源进行的电力生产活动。

21. 海水淡化与综合利用业：包括海水淡化、海水直接利用和海水化学资源利用等活动。

22. 海洋交通运输业：指以船舶为主要工具从事海洋运输以及为海洋运输提供服务的活动。

23. 海洋旅游业：指以亲海为目的，开展的观光游览、休闲娱乐、度假住宿和体育运动等活动。